身近な地下

首都圏外郭放水路
（埼玉県）
50m ➡2巻

首都高中央環状山手トンネル
（東京都）
52m ➡3巻

トルコ
カッパドキア地下都市
65m ➡1巻

扇島地下LNGタンク
（神奈川県）
62m（液面からの深さ）➡2巻

今井川地下調節池トンネル
（神奈川県）
80m ➡3巻

＊数字は地面からのおおよその深さ。トンネルや建物の大きさはイメージ。➡はその施設が紹介されている巻数。

絵でみる
どうなる？ 未来の地下世界

現在、地下空間を有効的に利用する計画が大都市で進められています。SF*にえがかれてきたような地下都市は、いつか現実のものになるのでしょうか？

*英語の Science Fiction の略語。科学的な空想にもとづいた話や小説などのこと。

地下と地上を行き来する乗り物、空飛ぶバスの出入口。

地下の巨大空洞に広がる地下都市

ソーラーパネルの地下には、地下ダムと、農作物を育てているドームがある。

地下に建つビル。

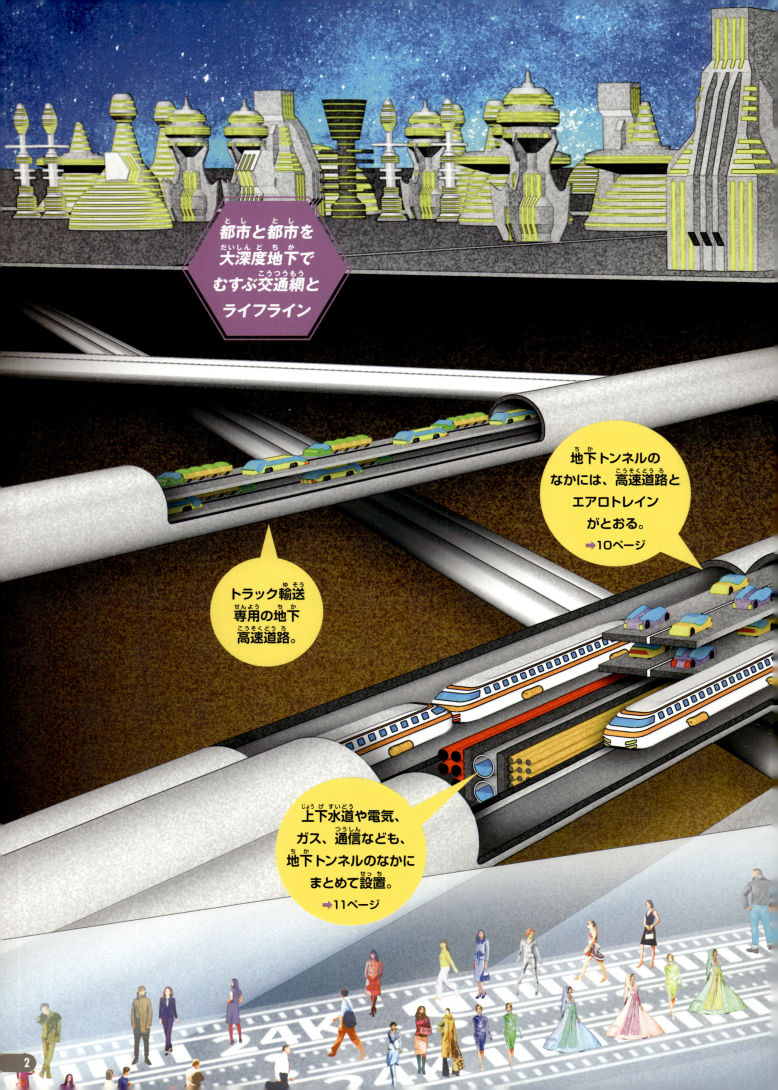

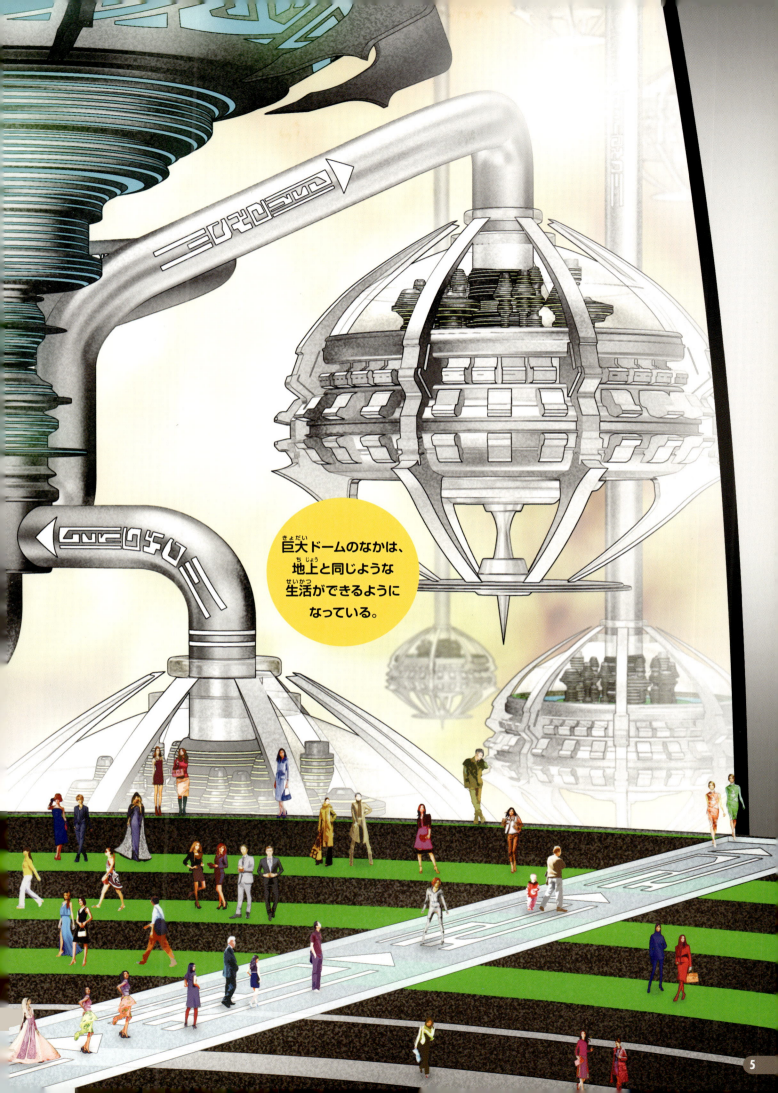

巨大ドームのなかは、地上と同じような生活ができるようになっている。

はじめに

　みなさんは「地下」について考えてみたことがありますか？地下鉄、地下街、百貨店の地階やビルの地下室、地下駐車場などが思いうかぶでしょう。トンネルを思いつくかもしれません。
　では、道路の下にはなにがうまっているのか、イメージできるでしょうか？ 道路工事で地下をほっているのをみたことはあるけれど、地下がどのようになっているのかはわからないでしょう。まして深い地下がどのようになっているかは想像もつかないでしょう。

　人口が都市部に密集し、国土もせまい日本では、地下がじょうずにつかわれています。地下鉄やトンネルだけでなく、水をためるための地下施設や廃棄施設が全国にあります。地下美術館、地下図書館、地下発電所、地下工場などさまざまな利用法がみられます。核シェルターというのもあります。

　このシリーズでは、大きな写真や図版など、ビジュアルを中心に、おもしろく地下を「解剖」し、4巻にわけて、地下のひみつにせまっていきます。みなさんがふだん気づかない地下の利用方法や、知っていると役に立つ地下のひみつ、さまざまな地下の活用法など、いろいろな面から「地下のひみつ」にせまります。

❶ **人類の地下活用の歴史**
❷ **上下水道・電気・ガス・通信網**
❸ **街に広がる地下の世界**
❹ **未来の地下世界**

もくじ

巻頭	絵でみる どうなる？ 未来の地下世界	1
1	SFのなかの地下都市	8
2	ジオフロント	10
これはびっくり！	『新世紀エヴァンゲリオン』	12
これはびっくり！	前田建設ファンタジー営業部とガンダム	13
3	身近なフロンティアとしての地下空間	14
4	混雑する大都市の地下	16
5	大深度地下を利用した道路トンネル	18
6	リニア中央新幹線の大深度地下利用	20
これはびっくり！	未知なる地球	22
7	地下約1万2000mまで掘削	26
8	地下深くで宇宙のなぞをさぐる	27
9	地下の過去と現在、そして未来	28
これはびっくり！	地下施設の深さくらべ	30
	さくいん	32

この本のつかい方

7 SFのなかの地下都市

かつて人類は、カッパドキアのような地下都市をつくりました。これからも地下都市をつくる可能性はおおいにあります。SFマンガ・アニメ、映画にえがかれている未来の地下都市も、決して空想ではありません。

現在のトルコにある地下都市カッパドキア（→1巻）

手塚治虫の『火の鳥（未来編）』

西暦3404年、死にかかっている地球に住む人類は、地下深くに都市国家をつくって住んでいました。この話は、その地下都市で勃発した「最終戦争」で、人類が絶滅してしまうというものです。

© 手塚プロダクション
『火の鳥（未来編）』（朝日新聞出版）

ストーリー

主人公の山之辺マサトは、宇宙生物ムーピーが変身した娘タマミをかくまったことから、当局から追われることになる。マサトとタマミはメガロポリス・レングードへ亡命するため、荒れはてた地上へと脱出。火の鳥にみちびかれて、たったひとり人工生命の研究をしていた猿田博士のドームにたどりつく。

『エンバー 失われた光の物語』

2008年アメリカで公開された（日本では未公開）映画『エンバー 失われた光の物語』では、地下都市「エンバー」がえがかれています。しかし、その都市は、耐用年数が、200年。その間に人類は地上に出て、生存に適した環境を取りもどさなければなりません。

『エンバー 失われた光の物語』
発売元：カルチュア・パブリッシャーズ
© WALDEN MEDIA, LLC. ALL RIGHTS RESERVED.

ストーリー

すでに耐用年数を超えていたエンバーは、都市全体が老朽化し、住民の生活に必要な電気を供給する大型発電機の調子がどんどん悪化。あるときリーナという少女が市役所にあった絵のなかに自分の家にあった謎の箱がかかれているのをみつける。その箱にはなにか重要な秘密がかくされているのではないかと調査をしているうちに地上へ出る方法があることを知る。リーナは少年ドゥーンとともに知恵と勇気で地下都市「エンバー」から脱出する。

『バイオハザード』

この映画では、アメリカの中西部にある森林にかこまれた小さな都市「ラクーンシティ」に、アンブレラ社が未来都市を建設。その地下深くには、秘密地下研究所がつくられました。地下都市は、人びとがストレスを感じないように、建物の構造が地上のもののようにつくられています。窓からは地上のラクーンシティを模した光景が再現され、自動車の通行音なども再現されています。

『バイオハザード』
発売・販売元：ソニー・ピクチャーズ エンタテインメント
© 2002 Constantin Film Produktion GmbH. All Rights Reserved.

ストーリー

21世紀初頭、巨大企業アンブレラ社は、家庭用医薬品の製造販売をするかたわら、秘密地下研究所で細菌兵器を開発していた。ある日、研究中のウイルスがもれだすバイオハザード（生物災害）が発生。研究所は完全封鎖され、調査のため精鋭部隊が送りこまれる。そのころ、ある屋敷で、記憶喪失の女性（アリス）がめざめ、屋敷の地下につながる研究所にむかった。

『宇宙戦艦ヤマト』

『宇宙戦艦ヤマト』のマンガ版の初期の作品は、東京の地下につくられた地下都市に「地球防衛艦隊司令部」があるという設定でした。『さらば宇宙戦艦ヤマト』以降の作品は、その地下都市のウォーターフロント（→P10）にメガロポリス（巨大都市）がつくられました。

©東北新社

ストーリー

西暦2192年、ガミラス帝国の遊星爆弾の攻撃を受けて、海が干上がり、その後、人類は放射能からのがれるため地下都市へと逃げこむ。イスカンダルのスターシャから救いのメッセージがとどき、放射能除去装置コスモクリーナーDを受けとるために、ヤマトは14万8千光年の旅路に出る。

『宇宙戦艦ヤマト2199』

2012年に劇場先行公開、2013年に放映された宇宙戦艦ヤマトのテレビアニメ版。海底に甲板近くまでうずめてしまったようにみせかけて、地下から宇宙戦艦ヤマトを建造。戦艦大和が、新しい技術を得て宇宙戦艦ヤマトにうまれかわり、新たな任務にむけて飛び立つ。© 2012 宇宙戦艦ヤマト2199 製作委員会

前田建設（→P13）が考えた、ヤマトを工事するために地下都市から地下トンネルでアプローチする方法の予想図。
参考：前田建設ファンタジー営業部ホームページ

堆積層　1番トンネル
安山岩　2番トンネル　地下都市

アーバン・ジオ・グリッド*構想（清水建設）
10kmごとの、グリッド・ステーション（オフィスやホテルなどが入った建物）が地下でネットワーク化。ステーション内部は太陽光集光システムにより、自然光がふんだんに取り入れられ、夜になると地下空間から光が放たれ、イラストのような夜景がみられる。

*格子状のこと。

2 ジオフロント

「ジオフロント」は「地下の（geo）」と「開拓線（front）」を合わせたことばで、「地下につくられた都市」のことです。「地下に関する都市計画」という意味でもつかわれます。

ジオ・プレイン構想（フジタ）
地下の空間を飛行機が超低空で飛ぶことで、東京と大阪を50分でつなぐ。

ジオフロントという考え方

「水辺」「都市の海や川に面した地区（臨海部）」などをあらわす「ウォーターフロント（waterfront）」という英語があります。でも「ジオフロント」は、それをもじってつくられた和製英語です。

現在、東京などの大都市では、地上は建造物が密集して過密状態になっています。このため、地下空間を有効的に利用する「ジオフロント（都市計画）」が、どんどん進められています。なお、この意味の「ジオフロント」は、通常「大深度地下（40m以深 ➡ P17）」の計画のことです。

最近では、地下に都市をつくるだけでなく、ジオフロント同士をつなぐ交通や情報の地下トンネルはもちろん、パイプライン内を10cmほど浮上して飛行する航空機（エアロトレイン）の構想も登場しています。ジオフロントは、まるでSFにえがかれてきた地下都市のようです。

ジオフロントはSFではない！

「ジオフロント」は、現実の計画です。

ジオフロントでは、台風や大雨、大雪、熱波や寒波といった気象条件の影響をあまり受けないで生活することができます。

地震についても地上にくらべて安全性が高いと考えられています（→P21）。また、これまでの地下街とはまったくちがって、大雨などで、大量の水が地下に流れこむことはありません。排水設備に問題があるようでは、ジオフロントとはよべません。

ジオフロントを維持するには、膨大なエネルギーが必要です。ジオフロント内で出た汚水やごみをどうするか、内部で生じた熱をどうするかなど、課題は山積みです。そのため、ジオフロントはまだ実現していません。

それでも、地震や火災など緊急時の対処法、採光方法など、ジオフロントの実現に向けて、さまざまな技術開発が進められています。ジオフロントは、決してSFの世界のことではないのです。

ジオ・シナップス構想（日本シビックコンサルタンツ）
上下水道や電力、ガス、通信、物流設備などを地中深くのトンネルに設置し、全体をネットワークでむすぼうとするアイデア。この計画では、ゴミ輸送や郵便輸送列車なども考えられている。

オデッセイア21構想（熊谷組）
地下都市の中心に商業施設や公共施設などを配置。まわりに駐車場や工場、オフィスなどがある。都市のあいだは、リニアモーターカーや高速道路でむすばれている。

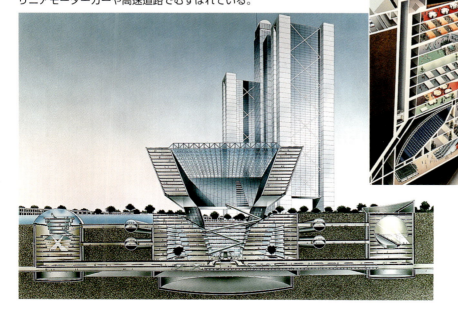

アリスシティ構想（大成建設）
地下都市をむすぶ鉄道は地下50m以深を走る。その上に地下空間を利用した駅ビルがある。

提供：土木学会ホームページ

『新世紀エヴァンゲリオン』

『新世紀エヴァンゲリオン』は、1990年代を代表するテレビアニメです。『宇宙戦艦ヤマト』『機動戦士ガンダム』につづき、日本じゅうにアニメブームをうみだした作品だといわれています。

■「第3新東京市」とは？

「第3新東京市（TOKYO-3）」は、『新世紀エヴァンゲリオン』に登場する近未来のジオフロントです。ところが近未来といっても、現実の年代のほうが先をいってしまいました。

国会で2004年、「第二次遷都計画」が承認され、2015年には、第3新東京市として芦ノ湖北岸に推定50兆円の建設費用をかけて完成する設定です。下は、このジオポリス「第3新東京市」のイメージ図です。

ストーリー

西暦2000年に起きた「セカンドインパクト」とよばれる地球規模の大災害により、人類は半数を失った。そして西暦2015年、セカンドインパクトを引きおこした謎の存在「使徒」からの攻撃を受けた。それに立ちむかうのは、主人公の碇シンジをはじめとした14歳の少年少女たち。かれらは国連特務機関NERVを組織し、巨大な人造人間「エヴァンゲリオン」にのって使徒と戦う。

第3新東京市、ジオフロントの概念図

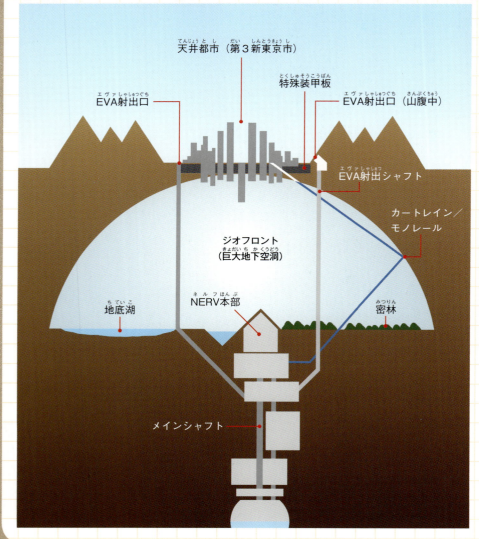

地形図Ⓒ Σ64

● 第3新東京市の地下には、直径6km、高さ0.9kmにおよぶ巨大な空洞がある。実際は直径約14kmの球体で、その80％が土砂でうまっているとされる。

● 中央にNERV本部があり、その上部は特殊装甲板で防護。第3新東京市が戦闘態勢にはいると、それにともないジオフロントの上部からビルが生える（天井都市とよばれる）。

● 地上との行き来は、カートレインやモノレールが建設されている。地上にある射出台へ移動するためのEVA用のシャフト（立坑）もある。

これはびっくり！ 前田建設ファンタジー営業部とガンダム

「機動戦士ガンダム 地球連邦軍基地ジャブロー」は、南米アマゾン川流域のとある場所の地下深くにつくられた、「地球連邦軍の総司令基地」です。前田建設という大きな建設会社は、ジャブローの建設を「工期272年、一式2532億円で本当にうけおいます!!」といっています。

■前田建設ファンタジー営業部

東京に本社をおく建設会社である前田建設工業株式会社には、「ファンタジー営業部」とよばれる組織（自主組織）があります。そこでは「アニメ、マンガ、ゲームといった空想世界に存在する特ちょうある建造物を当社が本当に受注し、現状の技術および材料で建設するとしたらどうなるか」について、ホームページなどで公開するというユニークな試みをおこなっています。

この組織では、「HONDAは未来に向けて二足歩行ロボットをつくった。前田建設には何ができるか？ ロボットはつくれないが、秘密基地ならつくれる…。アニメの秘密基地を、われわれの現在の技術を結集してつくったら…いったいいくらくらいの費用がかかるんだろう？」ということから2010年、実際にジャブローの建設の見積りをしました。2012年には、宇宙戦艦ヤマトの建造準備および発進準備工事の計画と見積りをつくりました。

前田建設ファンタジー営業部の特設ホームページ。
提供：前田建設工業

2012年には『「機動戦士ガンダム」の巨大基地をつくる！』という本が幻冬舎から発売されている。

本に掲載されている、「機動戦士ガンダム 地球連邦軍基地ジャブロー」のイメージ画像。

3 身近なフロンティアとしての地下空間

「身近なフロンティア」ということばがあります。
かつての「フロンティア＝未開の地」がまもなく開発できそうだということを
あらわしています。地下空間についても、SFと現実とが近づいてきています。

身近なフロンティアとしての地下

「フロンティア」には、「最前線＝開発の先頭で激烈な競争がおこなわれているところ」といった意味があります。そのことばのとおり、身近な地下は、どんどん開発がすすむ最前線となっています。

もともと人類にとって、地下は身近な存在でした。人類のはじめての住まいも地下でした（→1巻）。長い歴史のなか人類は、つねに地下とかかわってくらしてきました。

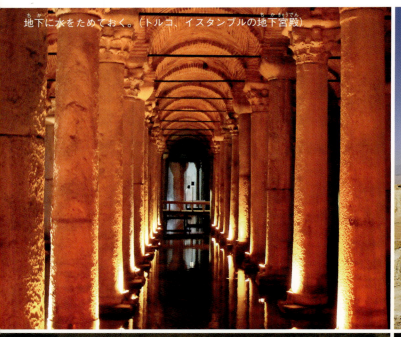
地下に水をためておく。（トルコ、イスタンブルの地下宮殿）

地下水路まであなをほって水を得る。（モロッコのカナート）

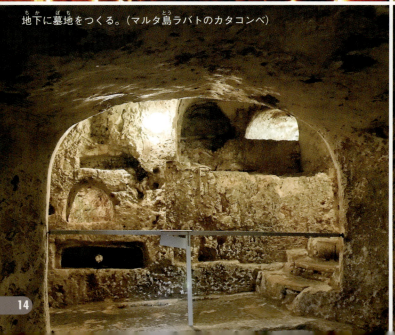
地下に墓地をつくる。（マルタ島ラバトのカタコンベ）

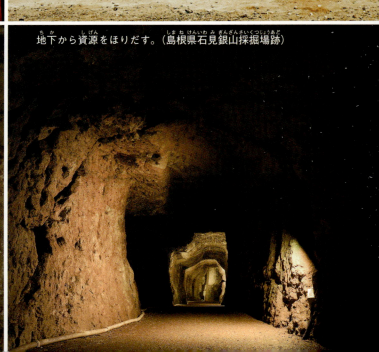
地下から資源をほりだす。（島根県石見銀山採掘場跡）

地下と地底、地殻

「地下」は、「地面の下」「土の下」「地中」といった意味でつかわれます。

地球の表層部を「地殻」とよんでいます。これは、地球を卵にたとえると、殻の部分です。その下の白身の部分が「マントル」で、いちばん中心の「黄身」が「核」とよばれるかたい部分です。

「身近なフロンティア」といった場合、地殻の範囲をこえることがないのはいうまでもありません。しかも、地殻のなかでも、地表に近いところをいいます（人類はいまだにマントルに到達することはできていない➡P24）。

「地底」は「大地のそこ」「地下深いところ」という意味でつかわれますが、明確な定義はありません。それは、「深海」が「深い海」というのとおなじようなことです。ただし、海洋学では、2000m以上深い海と規定されています。また、深海生物は200m以上深い海にくらす生物をさします。

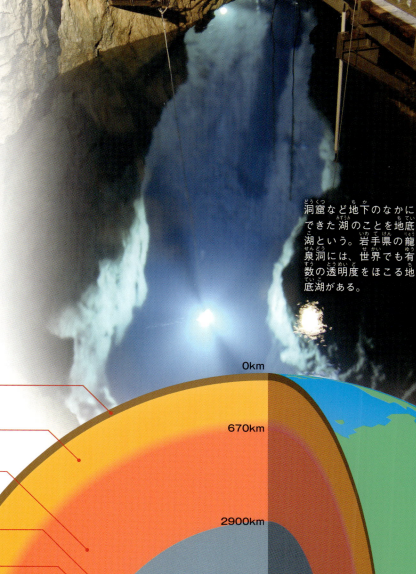

洞窟など地下のなかにできた湖のことを地底湖という。岩手県の龍泉洞には、世界でも有数の透明度をほこる地底湖がある。

卵
殻
白身
黄身

地殻　0km
上部マントル　670km
下部マントル　2900km
外核　5100km
内核　6400km

まめちしき　童話の世界にも

童話『おむすびころりん』は、ころころころがっていき穴に落ちてしまったおむすびをおっかけて、穴に入ったおじいさんが、地下のネズミの国でうちでのこづちをもらいます。そのこづちをふると、黄金がざくざく出てきます。

日本の民話としてむかしから語りつがれ、愛されてきた話。

『おむすびころりん』
（世界名作ファンタジー ポプラ社）

4 混雑する大都市の地下

大都市の身近なフロンティアには、すでにさまざまなものがつくられていて、たいへん混雑しています。そのため、ジオフロント（→P10）はもちろんのこと、新しいものをつくる場所は、どんどん深いところになってきています。

東京の地下

この絵は、東京の飯田橋の地下の状況です。一目でとても混雑しているのがわかります。また下図は、都営大江戸線の飯田橋駅〜春日駅間の深さをあらわしています。最大で地下49mの深さにまで達しています。

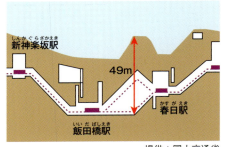
提供：国土交通省

飯田橋駅周辺の地下は、東西線と南北線、有楽町線、大江戸線の地下鉄トンネルが複雑に入りまじっている。提供：国土交通省

左下の表は東京都区内の国道の下にうめられた管路*（→2巻）の延長で、右下図は東京の地下鉄がどんどん深くなってきていることを示しています（→3巻）。

このように、いまでは大都市の地下は、どんどん深いところまで利用されるようになってきています。

*電線や通信などのケーブルを地下に埋設するための専用の管。

東京都区内の国道に収容されている管路

	総延長（km）	道路1kmあたり埋設延長（km）
通信電話	2,684,1	16,7
電気	1,660,7	10,3
ガス	325,9	2,0
上水道	364,6	2,3
下水道	315,7	2,0
合計	5,351,0	33,3

資料：国土交通省

※平成16年4月1日現在　総延長は、道路下に収容されている管路の総延長をさす。各戸引きこみ管路をふくまない。

※深さは地表からレール面までの距離。副都心線のみ最深の駅（東新宿）。参考：国土交通省資料（平成14年まで）

「大深度地下使用法」とは？

「大深度地下使用法」とは、正式名称を「大深度地下の公共的使用に関する特別措置法」という地下利用について定めた法律です（2001年4月施行）。

これは、深い地下を公共目的で利用することについて定めた法律で、都市のトンネルや共同溝などの建設を促進させるためにつくられました。

この法律ができる以前には、民法という基本的な法律によって、地下が地上の土地の持ち主のものと考えられていました。

ところが、地下の深いところまでが、その持ち主のものだとすると、いろいろな問題が生じます。

地下にトンネルを通そうとするのにも、地上の土地の持ち主の許可が必要で、なかなか開発が進みませんでした。そんな状況では、ジオフロントなど構想することはとうていできませんでした。

この法律ができたことで、つぎのようなことが可能になりました。

①権利調整のルールが明確にされたことにより、上下水道、電気、ガス、電気通信のような生活に密着したライフラインや河川、道路、鉄道などの社会資本の整備を円滑におこなえます。
②社会資本整備のための利用空間が道路の下に限定されないため、計画立案の自由度が高くなり、合理的なルート設定が可能になります。これによって、事業期間の短縮、コスト縮減にも寄与することがみこまれます。
③大深度地下は、地表や浅い地下にくらべて、地震に対して安全であり、騒音・震動の減少、景観の保護にも役立ちます。

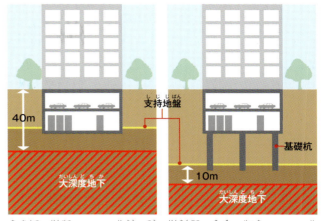

大深度地下とは
「大深度地下」を、以下のいずれかの深いほうの深さにより定義する。

地下室の建設のための利用が通常おこなわれない深さ（地下40m以深）。

建築物の基礎の設置のための利用が通常おこなわれない深さ（支持地盤上面から10m以深）。

提供：国土交通省

地下でも快適で楽しい駅にするために、照明をかねた緑色のフレームが配置されている（飯田橋駅）。

都営大江戸線飯田橋駅のホーム。地下31.2mの深さにある。

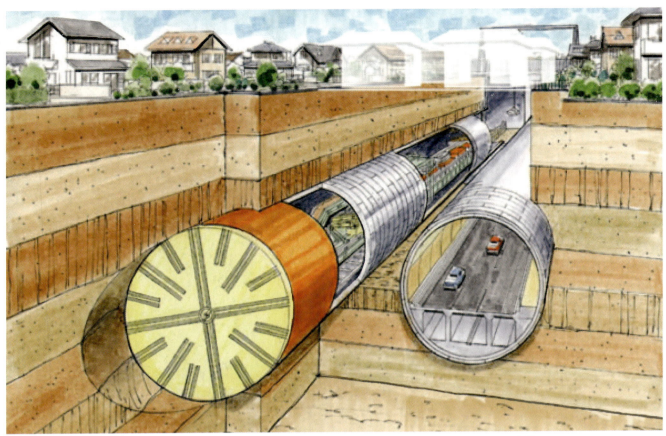

地上からの掘削をおこなわず、シールドマシン（→P20）をつかってトンネルをほる。
提供：国土交通省東京外かく環状国道事務所

5 大深度地下を利用した道路トンネル

東京の都心から半径約15kmのところを環状につなぐ自動車専用道路（高速道路）の一部の区間で大深度地下を利用したトンネルが計画されました。
現在、2020年の開通をめざして工事がすすんでいます。

東京外かく環状道路シールドトンネル

東京外かく環状道路（外環道）は、首都圏の渋滞緩和、環境改善や円滑な交通ネットワークを実現させようと計画されたものです。このうち、関越道（練馬区）から東名高速（世田谷区）までの約16kmが、大深度地下になっています。
このトンネルは、地下40〜70mに直径約16m（5階建てマンションの高さとほぼ同じ）の地下トンネルを2本ほる予定です。この計画は、これまでに前例のないものだといわれています。

シールド工法でほられた、中央環状線山手トンネル。直径12mをこえるシールドマシンがつかわれたが、外環道は、さらに大きなトンネルとなる。撮影：大上祐史（http://radiate.jp）

高架方式から大深度地下へ

東京外かく環状道路は、当初、高架方式が計画されていました。しかし、沿線地域の環境にあたえる影響を最小限におさえることを考え、2007年、大深度地下を利用した地下方式に計画が変更されました。

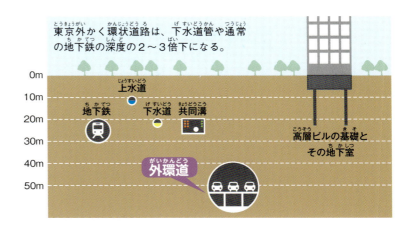
東京外かく環状道路は、下水道管や通常の地下鉄の深度の2〜3倍下になる。

首都圏3環状9放射ネットワーク

首都圏の交通問題が改善される例。たとえば東名高速道路から東京都心に行くまでに、環状道路が完成すれば、何通りもの行き方が可能になるので、渋滞解消になる。渋滞がへれば、排気ガスや二酸化炭素の排出量もへり、地球環境にもよいといわれている。

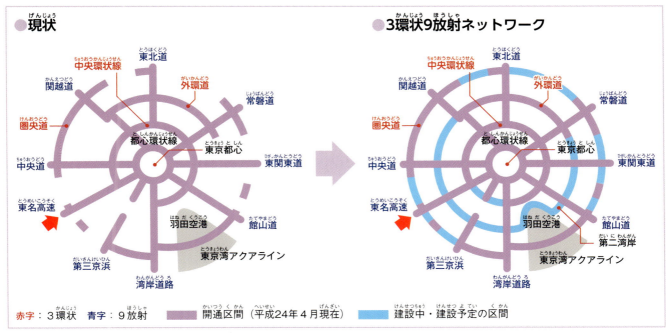

赤字：3環状　青字：9放射　　開通区間（平成24年4月現在）　　建設中・建設予定の区間

まめちしき　大深度地下物流トンネル

首都東京の「海の玄関」である東京港から、地下トンネルをつかって大型コンテナで貨物を運ぶという計画がGEC*で考えられています。東京港の複数のコンテナターミナルであつかうコンテナを大井埠頭に集約し、いまある市街地内の幹線道路をつかわずに、大深度地下物流トンネルで約60km先にある圏央道の多摩部（八王子、青梅付近）に整備される物流基地に搬送するという構想です。これも、首都圏の交通渋滞を解消するための提案のひとつです。

*地下開発利用センター。民間企業と経済産業省の支援を受けて活動。

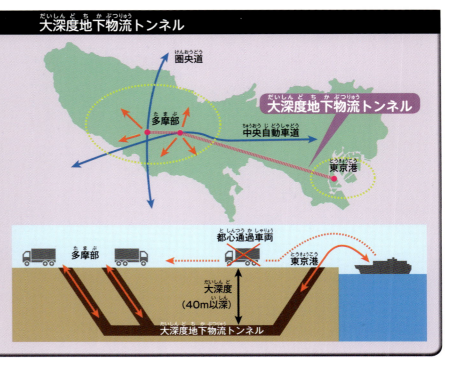

6 リニア中央新幹線の大深度地下利用

2027年の開業をめざすリニア中央新幹線も、東京や名古屋の都市部では、地下40mほどの大深度地下を通るように計画されています。

リニア中央新幹線の新型車両「L0系」。提供：JR東海

ルートの約8割が地下やトンネルのなか

リニア中央新幹線は、東京〜大阪間の大動脈機能を強化するために、また、東海道新幹線と二重にルートを確保して災害にそなえるために1962年から研究がはじまりました。東京・品川〜名古屋間286kmは、約8割が山や地下のトンネルです（発着のターミナル駅2駅と中間駅4駅がある）。

山岳トンネル（山の下をとおるトンネル）

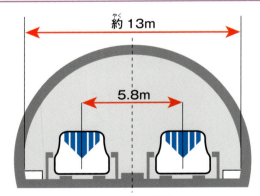

爆薬をつかって岩をくだき、くだいた岩をとりのぞいて、あなの外に運びだす。この作業をトンネルのあなが貫通するまでくりかえす。あながくずれないように、ほった面にコンクリートをふきつけて固め、その上から放射状にボルトをうちつける。

シールドトンネル（大深度地下をとおるトンネル）

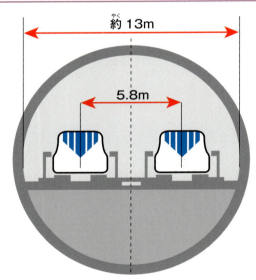

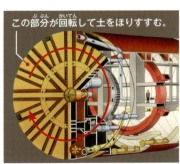

シールドマシンとよばれるつつ状の機械を横方向におき、前方の土をほりながら、ほった部分がくずれないように、マシンの内部でトンネルのかべとなるブロックを組み立てていく。東京や名古屋の都市部では、この方法でトンネルをほる。

シールドマシンをおろすための立坑をほり、地中に基地をつくる。シールドマシンを地中の基地で組みたて、土をほりすすむ。

参考：JR東海ホームページ

ターミナル駅は、地下40m

あらたに新幹線をとおす用地のない東京や神奈川、名古屋、大阪の都心部では、大深度地下使用法のもとで、深さ40m以上の地下を走る計画になっています。また、東京のターミナル駅（東京都港区）のリニア新幹線のホームは、東海道新幹線の真下の地下約40mにつくる計画です。

地下駅のイメージ

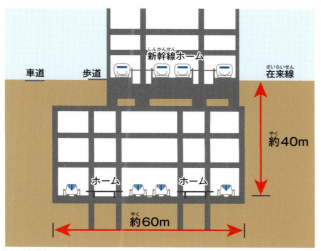

JR品川駅付近に建設が予定されている地下駅のイメージ。新幹線のホームに並行し、長さ約1km、最大幅約60mの巨大な空間に、ホームが2つ建設される。

東京のターミナル駅から相模川までの縦断計画

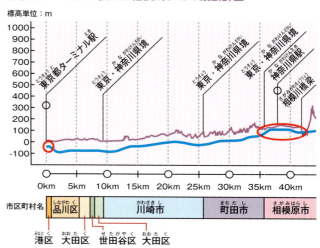

赤いだ円でかこんだ部分は、大深度地下より浅い区間。

参考：JR東海ホームページ

まめちしき　大深度地下と地震

地震は、地下深くなるほど小さくなる傾向にあるといわれています（断層型地震を除く）。大深度地下空間でのゆれは、地表の数分の1という試算もあります。

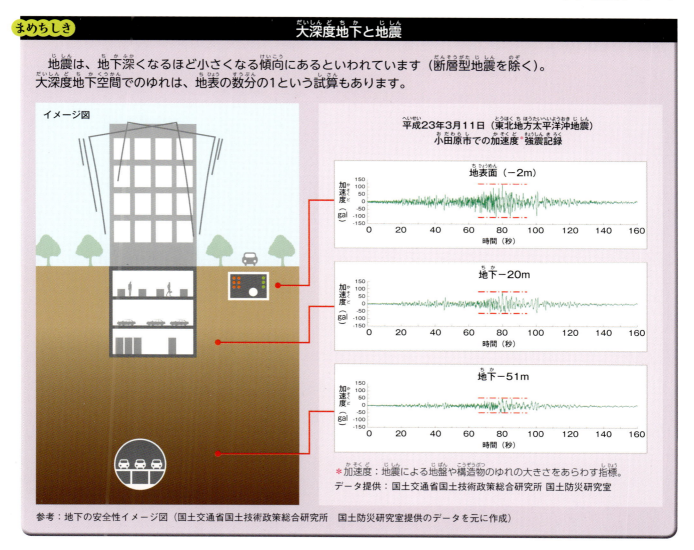

＊加速度：地震による地盤や構造物のゆれの大きさをあらわす指標。
データ提供：国土交通省国土技術政策総合研究所　国土防災研究室

参考：地下の安全性イメージ図（国土交通省国土技術政策総合研究所　国土防災研究室提供のデータを元に作成）

未知なる地球

ジオフロント（→P10）は近い将来どんどんつくられると考えられます。しかし、人類にとって「身近でない地下」すなわち「フロンティア＝未開の地」は、いくらでも存在しています。

ソンドン洞窟
写真は地上の風景ではなく、地下の洞窟。長さは4km以上、幅は90m、天井の高さはところどころで200mをこえるほど。40階建ての巨大なビルが丸ごと入る広さだ。
提供：Barcroft Media/アフロ

■ 世界最大の洞窟

ベトナムのジャングル奥地で1991年、巨大な洞窟が発見されました。「ソンドン洞窟」と名づけられたこの洞窟のなかには、高さが30mにもなる木が茂っています。地面に大きなあながふたつあいていて、そこから日光が入ってくるからです。

ソンドン洞窟の全体予想図

大きなふたつの部屋は、天井にあながあいている。そこから太陽の光がそそがれ、なかには30mにもなる木がはえている。天井にあいた大きなあなは、それぞれ直径100mほどもある。

ソンドン洞窟が形成されたのは200〜500万年前。石灰岩の表面を流れる地下河川の水が岩のさけめにそってあなをあけ、山脈の下に巨大なトンネルをつくりあげた。なかは巨大迷路のように入り組んでいて、150以上の部屋があると考えられている。
提供：Barcroft Media/アフロ

洞窟の地下には巨大な地下河川が流れている。
提供：Barcroft Media/アフロ

これはびっくり！ 未知なる地球

ロシア語で「カラスの洞窟」ともよばれているクルベラ洞窟。同じ山には数百の洞窟があり、そのうちの5つは1000m以上の深さだ。
提供：TASS/アフロ

クルベラ洞窟の断面図

1000m
2000m

世界でもっとも深いといわれる洞窟

グルジアにあるクルベラ洞窟は、地下深くにのびていて、その深さは2196mになるといわれています。現在、地球上で2000mをこえる洞窟は、この洞窟しかないといわれています。

この未知なる洞窟へは、標高2256mにあるせまい入口から入るほかありません。小さなあなの先が2km以上もつづいているとは、だれが想像できたでしょうか。

■人類が到達した最大深度

自然の洞窟の最大深度が2000mほどだといわれているのに、人類はその2倍近くの地下約4000mぐらいまで金鉱脈をほりつづけてきました。

南アフリカ共和国にあるムポネン金鉱山です。ここは人類が到達している地下の最大深度！ さらに地質の調査によって、地下4800mに新たな鉱脈があることがわかったため、現在、そこをめざして掘削がつづいています。

なお、この本の表紙の写真は、ロシアのミールヌイ市にあるミール鉱山です。ここはかつてムポネン金鉱山と同じ方法で、ダイヤモンドをほっていました。現在は、観光地になっています。

ムポネン金鉱山
採掘場の温度が65℃もあり、空間がせまく、空気が対流しない。そのため二酸化炭素がたまり、換気をしなければ呼吸ができないほど。強力なエアコンで冷気を送りつつ空調をしている。提供：ロイター／アフロ：Africa Media Online／アフロ

ミール鉱山
ミール鉱山は、深さ525m、直径1250mの巨大な露天掘りダイヤモンド鉱山。都市のまんなかに大きなあながあき、あまりの大きさに極端な温度落差や気流が発生しているという。提供：ロイター／アフロ

7 地下約1万2000mまで掘削

地下に対する人類のあくなき好奇心は、かつてのフロンティアをどんどん征服してきました。しかし、地下には、まだまだ未知の世界が広がっています！人類は、最先端科学を駆使して、地下深くを探査しようとしています。

1994年のロシア

かつて「コラ半島超深度掘削プロジェクト」が、地下をほってマントル（➡P15）まで達することを目的として進められていました。しかし1994年、そのプロジェクトが、技術的にも、また予算の面などからもさまざまな問題があるとして中止になりました（その時点で地下約1万2000mに到達していた）。

一般に、地下を掘削する目的のひとつとして、地震に関する資料集めがあります。

地下の1万～2万mでは、大規模な地震がしばしば起こっていると考えられていて、その発生のしくみを解明するには、実際にほってみることが重要だとされています。

また、地下深いところの物質を調べることで、地球の誕生の秘密や、さらには太陽系惑星のなりたちなどについての究明に役立つといわれています。

コラ半島超深度掘削坑
1970年、旧ソ連（現在のロシア）が地球の深部を科学的に調べるためにおこなった掘削プロジェクト。ロシアの北西部にあるコラ半島で大型ドリルをつかい、本坑から何本もの支坑がほられた。提供：ユニフォトプレス

掘削機械を建物でおおい、超深度を大型ドリルでほっているようす。
提供：ユニフォトプレス

8 地下深くで宇宙のなぞをさぐる

地下で宇宙の秘密を究明しようとする研究は、日本でも熱心におこなわれています。岐阜県の神岡鉱山の地下1000mにある地下科学実験施設「スーパーカミオカンデ」は、宇宙から飛んでくるニュートリノ＊という物質を調べるためにつくられました。

＊物質をつくっている最小の単位で、素粒子とよばれるもののひとつ。星が寿命を終えて爆発したときに大量に生まれる。

スーパーカミオカンデ

1996年に完成したこの施設は、直径40m、高さ58mの大きなタンクのなかに5万トンの水をためて、ニュートリノの通過を観測器でとらえるという施設です。この施設が深い地下にある理由は、よけいな物質が岩盤で遮断されるからです。地上では、あらゆる物質の存在でニュートリノを検出しにくいのです（ニュートリノは岩盤を貫通するので、地下空間でも観測できる）。

スーパーカミオカンデ検出器の全体図。

タンクの上部、底面、側面に、光電子増倍管のとりつけがほぼ終了した時点のタンク（2006年4月7日）。人物（←）の大きさから、タンクがどれほど大きいかがわかる。

まめちしき　地下科学実験施設

スーパーカミオカンデのような地下科学実験施設は、世界各地の廃坑になった鉱山やトンネルのなか、地下深くに建設されています。

ニュートリノの観測以外にも、大深度地下空間に生息するバクテリアなどの微生物の研究や、未発見の微生物の探索、火山や地震のメカニズムの解明など地下の環境を知るための研究が世界じゅうでおこなわれています。

提供：東京大学宇宙線研究所　神岡宇宙素粒子研究施設

写真A

写真B

9 地下の過去と現在、そして未来

かつてのカッパドキアの地下都市（→ P8）は、異教徒の迫害からのがれたキリスト教徒がかくれ場所としてつかっていました。上の写真は、どちらも現在のものですが、どちらかの地下にはカッパドキアのような地下空間が実際に広がっています。

まるで火星のような荒野の下にある地下都市

オーストラリアの内陸部（アウトバック）には広大な荒野が広がっています（写真A）。まるで火星（写真B）のような風景です。その一部にあるクーバー・ペディというまちは、かつて一攫千金をもとめて世界じゅうから人が集まってきました。オパールという宝石が、この土地から採掘されたからです。

人が集まったことから、まちができました。しかし、そのまちは、地下につくられたのです。なぜなら、その地は、日中の気温が50℃にもなるからです。ところが、地下は、平均で約24℃、湿度20%と安定しているといわれています。

現在、ここには、ホテルやユースホステルなどの地下宿泊施設ができていて、地下に泊まってみたいという観光客が、世界じゅうからやってきています。

これが未来の惑星のようすかもしれない

　地下空間開発利用のメリットとして、一般には、気候の影響がすくなく、気温、湿度が安定していることがあげられます（→P28）。また、地下は災害や戦争の際のシェルターとしての期待もあります。

　人類が将来、金星や火星など他の惑星にすむようなことがあれば、人類が生存できる空間としては、惑星の表面より地下のほうが適しているのではないかと考えられます。

　写真Bの地下に、下の写真のような施設がつくられる日がくるかもしれないのです。

　一方、SFマンガやアニメの『火の鳥』『宇宙戦艦ヤマト』『新世紀エヴァンゲリオン』にかかれている世界のように、地球上で人類が住めなくなって、地下都市をつくることも地球の将来のできごととして、十分に考えられるわけです。

　人類にとって、地下の過去と現在は、未来を映しだす「鏡」となっています。

クーバー・ペディの地下には、書店やホテル、レストラン、遊戯場などがあり、人びとがおとずれる。

地下施設の深さくらべ

これはびっくり！

このシリーズに出てくる地下施設がどのくらいの深さになっているかを一目でみる図です。

深さ	施設	巻
1.2m	水道管、ガス導管、電力ケーブル、通信ケーブルなど	2巻 ①
2m	マツダスタジアムグラウンド地下の雨水貯留池（広島県）	2巻
3m〜	下水管	2巻
5.5m	札幌駅前通地下歩行空間「チ・カ・ホ」（北海道）	3巻 ②
14.5m	江戸川区葛西駅前地下駐輪場（東京都）	3巻
5〜20m	機械式地下駐車場	3巻
25m	小田急線下北沢駅（東京都）	3巻
28m	中部電力の名城変電所（愛知県）	2巻
30m	大谷石地下採掘場跡（栃木県）	1巻 ③
30m	NTT東日本のとう道（通信ケーブル専用地下トンネル）（東京都）	2巻
〜30m	日比谷共同溝（東京都）	2巻
30m	副都心線渋谷駅（東京都）	3巻
30m	国立国会図書館書庫（東京都）	3巻
36m	大橋ジャンクション（東京都）	3巻
40m	中国電力の地中送電線（広島県）	2巻 ④
40m	リニア中央新幹線ホーム（東京、名古屋）	4巻
42m	都営大江戸線六本木駅（東京都）	3巻
40m以上を予定	東京外郭環状道路（東京都）	4巻
47m	白子川地下調節池トンネル（東京都）	3巻
50m	首都圏外郭放水路（埼玉県）	2巻 ⑤
50m	神田川・環状7号線地下調節池トンネル（東京都）	3巻
52m	首都高中央環状線山手トンネル（東京都）	3巻
62m	東京ガス扇島工場LNG地下タンク（液面からの深さ）（神奈川県）	2巻
65m	トルコ カッパドキアのカイマクル地下都市	1巻
80m	今井川地下調節池トンネル（神奈川県）	3巻
1000m	スーパーカミオカンデ（山頂からの深さ）（岐阜県）	4巻 ⑥
4800m	南アフリカ共和国ムポネン金鉱山	4巻

※数字は地面からのおおよその深さ。

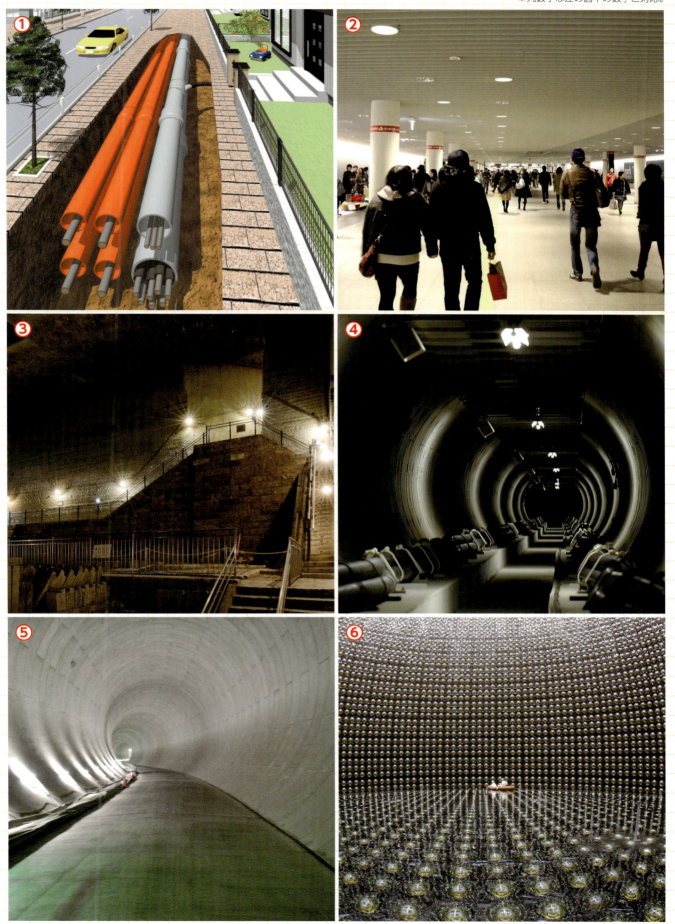

※丸数字は左の図中の数字と対応。

提供：①積水化学工業　②札幌市　③大谷資料館　④中国電力　⑤国土交通省江戸川河川事務所　⑥東京大学宇宙線研究所　神岡宇宙素粒子研究施設

さくいん

あ行

アーバン・ジオ・グリッド構想
……………………………… 10
アウトバック ………………… 28
アリスシティ構想 …………… 11
飯田橋（駅）…………… 16、17
イスタンブル ………………… 14
石見銀山採掘場跡 …………… 14
ウォーターフロント …… 9、10
『宇宙戦艦ヤマト』……… 9、29
エアロトレイン …… 2、3、10
SF ………… 1、8、11、14、29
『エンバー　失われた光の物語』
……………………………………8
オーストラリア ……………… 28
オデッセイア21構想 ………… 11
『おむすびころりん』………… 15

か行

外核 …………………………… 15
火星 …………………… 28、29
カタコンベ …………………… 14
カッパドキア …… 8、28、30
カナート ……………………… 14
下部マントル ………………… 15
神岡鉱山 ……………………… 27
管路 …………………………… 16
機動戦士ガンダム　地球連邦軍基地ジャブロー
……………………………… 13
クーバー・ペディ …… 28、29
グリッド・ステーション … 10
グルジア ……………………… 24
クルベラ洞窟 ………………… 24
コラ半島超深度掘削プロジェクト… 26

さ行

山岳トンネル ………………… 20
シールドトンネル …………… 20
シールドマシン ……… 18、20
GEC …………………………… 19
シェルター …………………… 29
ジオ・プレイン構想 ………… 10
ジオフロント
… 10、11、12、16、17、22
ジオ・シナップス構想 ……… 11
地震 …… 11、17、21、26、27
上部マントル ………………… 15
『新世紀エヴァンゲリオン』
………………………… 12、29
スーパーカミオカンデ
………………………… 27、30
ソンドン洞窟 ………… 22、23

た行

第3新東京市 ………………… 12
大深度地下
… 2、10、17、18、19、20、21
大深度地下使用法 …… 17、21
大深度地下物流トンネル
……………………………3、19
地下科学実験施設 …………… 27
地下河川 ……………………… 23
地下宮殿 ……………………… 14
地殻 …………………………… 15
地下空間
…… 1、10、11、14、27、29
地下水路 ……………………… 14
地下鉄 ………………… 16、19
地下都市
……… 1、8、9、10、11、28

地下トンネル
……………… 2、9、10、18、19
地底湖 ………………… 12、15
中央環状線山手トンネル … 18
手塚治虫 ………………………8
東京外郭環状道路
………………… 18、19、30
都営大江戸線 …… 16、17、30

な行

内核 …………………………… 15
ニュートリノ ………………… 27

は行

『バイオハザード』………………9
『火の鳥（未来編）』……8、29
フロンティア
………………… 14、16、22、26
ベトナム ……………………… 23

ま行

前田建設 ………………… 9、13
前田建設ファンタジー営業部
……………………………… 13
マントル ……………… 15、26
ミール鉱山 …………… 24、25
南アフリカ共和国 …………… 25
ムポネン金鉱山
………………… 24、25、30
メガロポリス（巨大都市）
………………………………8、9
モロッコ ……………………… 14

ら行

リニア中央新幹線 …… 20、30
龍泉洞 ………………………… 15
ロシア ………………… 25、26

■ 監修／公益社団法人 土木学会 地下空間研究委員会

地下空間研究委員会は、土木学会に設置されている調査研究委員会の一つ。地下空間利用に伴う人間中心の視線に立ちながら、地下空間の利便性向上、防災への対応、長寿命化などを研究する新たな学問分野である"地下空間学"を創造し、世の中に広めるための活動をおこなっている。活動の範囲は、都市計画など土木工学の範囲に留まらず、建築、法律、医学、心理学、福祉、さらには芸術の分野におよぶ。
http://www.jsce-ousr.org/

■ 編集／こどもくらぶ（二宮祐子）

あそび・教育・福祉・国際分野で、毎年100タイトルほどの児童書を企画、編集している。

■ 企画・制作・デザイン／株式会社エヌ・アンド・エス企画
　　　　　　　　　　　矢野瑛子

■ 参考資料
・『みんなが知りたい　地下の秘密』（地下空間普及研究会）ソフトバンク・クリエイティブ

■ ホームページ
・「ものしり博士のドボク教室」土木学会
　http://www.jsce.or.jp/contents/hakase/tunnel/18/index.html
・「前田建設ファンタジー営業部」前田建設
　http://www.maeda.co.jp/fantasy/
・「大深度地下利用」国土交通省
　http://www.mlit.go.jp/toshi/daisindo/
・「東京外かく環状道路」国土交通省
　http://www.ktr.mlit.go.jp/gaikan/
・「中央新幹線」JR東海
　http://company.jr-central.co.jp/company/others/assessment/library.html
・「スーパーカミオカンデ」東京大学宇宙線研究所 神岡宇宙素粒子研究施設
　http://www-sk.icrr.u-tokyo.ac.jp/sk/

■ 絵
松島浩一郎

■ 写真・図版協力（敬称略）
大上祐史
龍泰院 住職 出村尚英
朝日新聞出版
WAVE PLANNING PTY LTD
大谷資料館
カルチュア・パブリッシャーズ
幻冬舎
国土交通省
国土交通省江戸川河川事務所
国土交通省国土技術制作総合研究所国土防災研究室
国土交通省東京外かく環状国道事務所
札幌市
JR東海
積水化学工業
ソニー・ピクチャーズ エンタテインメント
中国電力
東京大学宇宙線研究所 神岡宇宙素粒子研究施設
東北新社
都市地下空間活用研究会
土木学会
NASA
前田建設工業
アフロ
ユニフォトプレス

この本の情報は、特に明記されているもの以外は、2014年12月現在のものです。

大きな写真と絵でみる 地下のひみつ　④未来の地下世界　　NDC510

2015年2月28日　初版発行

監　　修　公益社団法人 土木学会 地下空間研究委員会
発 行 者　山浦真一
発 行 所　株式会社あすなろ書房　〒162-0041　東京都新宿区早稲田鶴巻町551-4
　　　　　電話　03-3203-3350（代表）
印 刷 所　凸版印刷株式会社
製 本 所　凸版印刷株式会社

©2015　Kodomo Kurabu
Printed in Japan

32p／31cm
ISBN978-4-7515-2784-9

地下利用の深さはどのくらい？

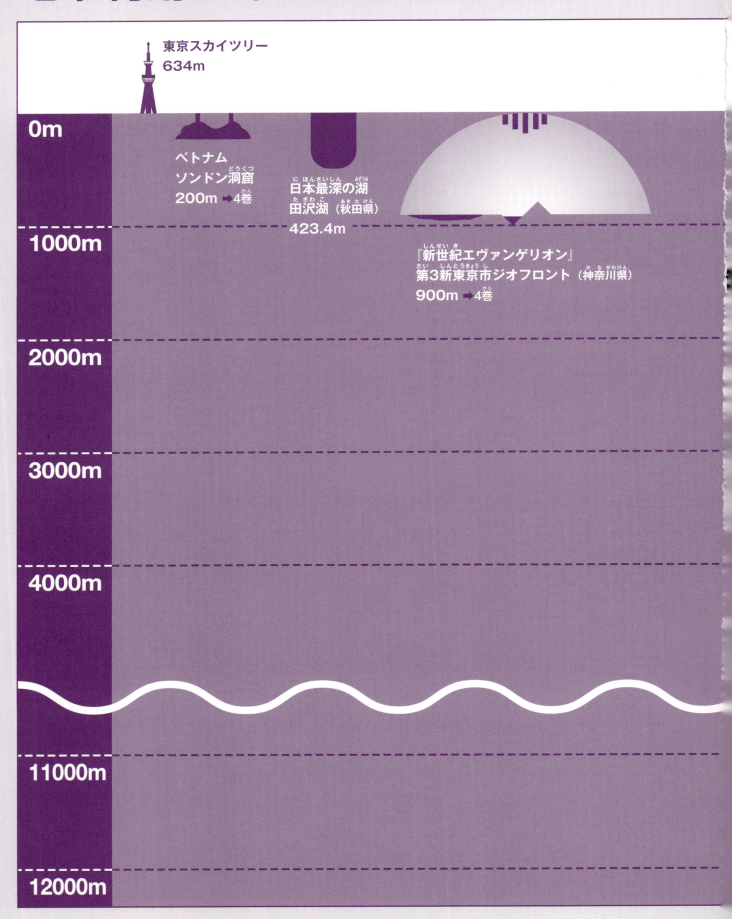